福建省
常见捕捞渔具
鉴别手册

庄之栋　刘　勇　蔡建堤　马　超
徐春燕　吴同晋　谢少卿　沈长春　编著

U0216884

 厦门大学出版社
XIAMEN UNIVERSITY PRESS

国家一级出版社
全国百佳图书出版单位

图书在版编目（CIP）数据

福建省常见捕捞渔具鉴别手册 / 庄之栋等编著.

厦门 ：厦门大学出版社，2025.1. -- ISBN 978-7-5615-9596-1

Ⅰ. S972-62

中国国家版本馆 CIP 数据核字第 2024MT5493 号

责任编辑	李峰伟
美术编辑	蒋卓群
技术编辑	许克华

出版发行	厦门大学出版社
社　　址	厦门市软件园二期望海路 39 号
邮政编码	361008
总　　机	0592-2181111　0592-2181406(传真)
营销中心	0592-2184458　0592-2181365
网　　址	http://www.xmupress.com
邮　　箱	xmup@xmupress.com
印　　刷	厦门市明亮彩印有限公司

开本	787 mm×1 092 mm　1/32
印张	2.5
字数	36 千字
版次	2025 年 1 月第 1 版
印次	2025 年 1 月第 1 次印刷
定价	30.00 元

厦门大学出版社
微信二维码

厦门大学出版社
微博二维码

前　言

　　福建省，凭借其得天独厚的地理位置和丰富的海洋资源，自古以来便是渔业大省。在这片广袤的海域中，渔民们世代相传，利用各式各样的渔具，与大海共舞，捕捞着生活的希望与自然的馈赠。然而，随着时代的变迁和科技的进步，捕捞渔具的种类日益繁多，功能也愈发复杂。这既为渔业生产带来了便利，也对渔业资源的可持续利用和生态保护提出了新的挑战。在此背景下，一本能够系统介绍、科学鉴别福建省常见捕捞渔具的手册显得尤为重要。因此，我们深感有必要编纂一本《福建省常见捕捞渔具鉴别手册》，以期为渔业生产者、渔政管理人员及科研人员提供一个实用的参考工具。

　　本手册力求全面、准确地介绍福建省海域内常见的捕捞渔具，包括渔具分类、俗名、地区分布、判别特征和渔法特点等。我们希望通过图文并茂的形式，让读者能够直观地了解各种渔具的异同，从而更好地鉴别和使用它们，同时增强渔业生产者的法制观念，引导其采用更加环保、高效的捕捞方式，也为渔政管理人员提供有力的执法参考。

最后，我们深知，即使付出了极大的努力，书中也难免存在疏漏和不足之处。我们诚挚地欢迎读者提出宝贵的意见和建议，以期在未来不断完善和提高。

编　者

2025年1月

目 录

第一章

常见准用渔具

1. 单船无囊围网

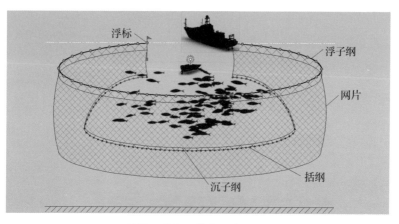

单船无囊围网作业示意图

渔具分类：围网

俗 名：封网、灯光围网等

地区分布：宁德、泉州等

判别特征：

（1）单艘网船灯光诱集，配备一艘辅助灯艇；

（2）网具无囊；

（3）有动力滑车；

（4）网衣整齐排列于船尾，船舷侧边安装长条形滚筒。

渔法特点：

利用中上层鱼类的趋光特性，通过在船舷两侧悬挂水上灯和在水下悬挂灯来诱集鱼群，利用带网艇从网船释放出长带形的翼网，网衣在水中垂直张开，形成网壁，包围或拦截鱼群，逐步缩小包围面积，收绞括纲封锁网底，驱使鱼群集中到取鱼部，用吸鱼泵或网抄捞取渔获物。

2. 漂流延绳真饵单钩钓

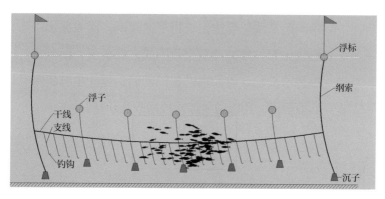

漂流延绳真饵单钩钓作业示意图

渔具分类: 钓具

俗　　名: 白鱼滚、鳗鱼钓、鳗鱼滚、吧哴滚、
　　　　　　鰳鱼滚、冬滚等

地区分布: 福州、泉州等

判别特征:

　　由钓钩、干线、支线、浮子、沉子和饵料等组成。

渔法特点:

　　钓具两端用浮标固定,随流漂移,每个支线

具有一个钓钩，饵料采用真饵。作业时，在支线上系结钓钩，并装上诱惑性的真饵，钓列两端固定于浮标，以延绳方式作业，诱使捕捞对象吞食而达到捕获目的。

3.定置延绳倒须笼

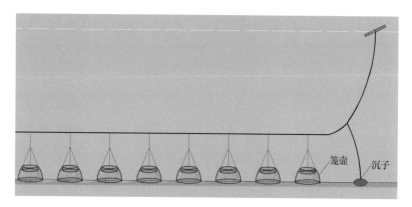

定置延绳倒须笼作业示意图

渔具分类: 笼壶

俗　　名: 蟹笼、蟳笼、渔笼、螺笼、章鱼笼、
土母笼等

地区分布: 宁德、福州、莆田、漳州等

判别特征:

（1）笼体是由钢筋制成的扁圆柱体或长方体，
外包聚乙烯网片，顶面的网片可打开或封闭，以便
放饵料或取渔获物；

（2）笼体侧面设置 2～3 个诱导捕捞对象进

入的入口，入口处装有外口大、内口小的漏斗网，称为倒须，使渔获物进笼容易出笼难；

（3）饵料放入表面有孔的塑料盒中，吊挂在笼中。

渔法特点：

由一条干绳结绑几十或几百条支绳，每条支绳系结一个笼，干绳两端用铁锚或石头定置于水底，诱集捕捞对象进入而捕获。

4. 船敷箕状敷网

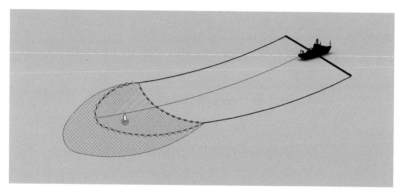

船敷箕状敷网作业示意图

渔具分类： 敷网

俗　　名： 鱿鱼敷网、鱼敷罾等

地区分布： 宁德、福州、莆田、泉州、漳州等

判别特征：

（1）灯光诱集鱼类；

（2）无灯艇；

（3）浮子纲长度大于沉子纲；

（4）渔船安装有撑杆。

渔法特点：

船敷箕状敷网渔具在月暗的夜间作业，渔船进入渔场后，打开水上灯，顶风放网，放网后顺流或缓慢航行使网衣充分展开，打开水下灯等待诱集鱼群入网，当鱼群入网后逐渐熄灭水下灯，只留一盏诱鱼灯由灯船拉引渔获物进入网具中部，收绞上下纲，鱼入网袋后取鱼。

5. 推移兜状抄网

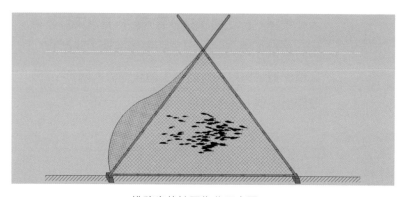

推移兜状抄网作业示意图

渔具分类： 抄网

俗　　名： 抄网等

地区分布： 宁德、龙岩等

判别特征：

　　（1）渔具一般由网兜、框架及手柄组成；

　　（2）框架呈梯形、三角形、圆形等。

渔法特点：

　　推移兜状抄网为单人作业，作业时先把网

衣及缯杆等各部分装配好，作业人员穿上防水衣，背上鱼篓，放下腰缯，两支缯杆叉开，缯杆头部的交叉处放在腹部，两手分开握住左右缯杆，靠腹部和双手把渔具推走，每隔5~10分钟起网取鱼。

6. 抛撒掩网掩罩

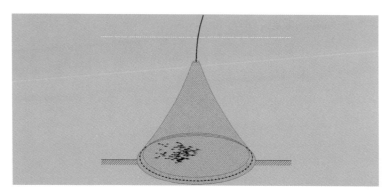

抛撒掩网掩罩作业示意图

渔具分类：掩罩

俗　　名：手撒网、手抛网等

地区分布：三明、龙岩等

判别特征：

（1）从上而下罩捕鱼类的锥形网具；

（2）一般在下纲附近设有兜状褶边以装容渔
获物。

渔法特点：

由单人、单船或数船组合进行作业，把网具

抛撒入水里覆罩在鱼群上，而渔获于网袋中。该网可用于在岸边一人作业，也可用于在船上两人作业。船上作业时，一人划船掌握方向，一人站船头撒网。撒网前把网整理好，将手纲端环套在左手手腕上，手纲一圈圈叠好握在手上，右手提着网向前上方抛出，形成伞状网罩扣入水中，待网口完全沉底后，慢慢提起手纲，直至将网提到船上取出渔获物即可。

第二章

常见过渡渔具

1. 定置三重刺网

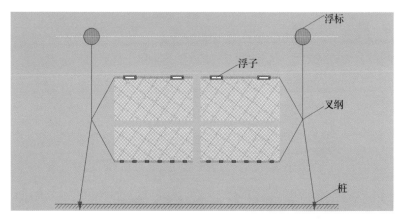

定置三重刺网作业示意图

渔具分类: 刺网

俗　　名: 三层绫、鲨鱼绫、蟹濂、跳网、三层刺网、三层网等

地区分布: 宁德、莆田、漳州等

判别特征:

（1）三层网衣，内层网衣网目较小，两外层网衣网目较大；

（2）两端用锚、桩等固定；

（3）有浮标标识，夜间有闪光装置。

渔法特点：

　　渔船抵达作业渔场后，判断好暗礁位置及范围后，选择缓流时放网，一般以退半潮、涨二分潮或平潮时放网为好。放网时，根据礁形布设网列，并用锚将网列固定。放完网后，渔船即在网列周围来回巡视。起网时，渔船沿着放网方向慢速前进，一边拉起网衣一边摘取渔获物后立即把网又投入海中。如此循环，当转移渔场或返港时，才把网具全部收起。

2. 单船有囊围网

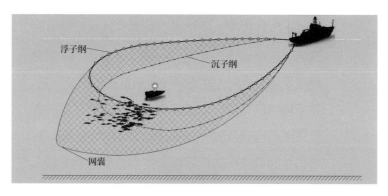

浮子纲

沉子纲

网囊

单船有囊围网作业示意图

渔具分类： 围网

俗　　名： 灯光围网罾、三脚（角）虎等

地区分布： 福州、泉州等

判别特征：

（1）一艘网船配备一艘灯艇辅助；

（2）网具有囊，用吸鱼泵吸鱼；

（3）船尾配有大型卷网机和动力滑车。

渔法特点：

在船舷两侧悬挂水上灯和水下灯诱集鱼群，

待鱼群达到一定密度时，放下灯艇，开启灯艇自带的集鱼灯，关闭网船集鱼灯，投下连接网端的浮标。然后渔船绕灯艇放网，依次投放右翼网、网身、网囊、左翼网包围鱼群。完毕后，捞取浮标，收绞网具，灯艇缓慢向网囊处移动，诱导鱼群进入网囊，待收绞到网囊处，放下吸鱼泵，吸取渔获物。

3. 单船有翼单囊拖网

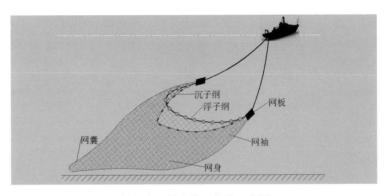

单船有翼单囊拖网作业示意图

渔具分类：拖网

俗　　名：单拖、大网、疏目快拖、快拖等

地区分布：宁德、福州、莆田、泉州、漳州等

判别特征：

（1）单艘渔船拖曳网具；

（2）作业时，单艘渔船有两条曳纲；

（3）船尾两侧安装有网板架，网板悬挂于网板架上。

渔法特点:

利用单艘渔船在海中拖曳带有两个网板的网具前行,迫使捕捞对象缓慢航行从而捕获渔获物的方法。渔船到达渔场后,缓慢航行将囊网投入海中,进而将整顶网具带下海,依次松放纲索,直至网具达到作业水层。起网时,使用绞机依次将网板、网具绞上,并运用吊杆将囊网吊至甲板,倒取渔获物。

4. 双船有翼单囊拖网

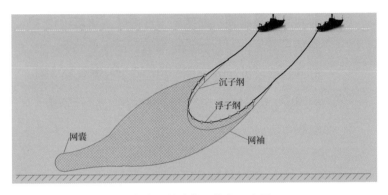

沉子纲

浮子纲

网囊

网袖

双船有翼单囊拖网作业示意图

渔具分类: 拖网

俗　　名: 双拖、底拖、大目网、疏目快拖、快
拖等

地区分布: 宁德、泉州等

判别特征:

（1）两艘渔船共同拖曳一顶网具；

（2）作业时，每条渔船有单根曳纲。

渔法特点:

两艘渔船到达渔场后，带网船放下网具，等

待空纲放完毕后，将网具一侧网端的空纲连接纲索传至另一艘船。两船快速松放曳纲，放网完毕后，两船按一定间距平行拖曳。起网时，两船缓慢收绞曳纲，曳纲收绞完毕，非带网船将曳纲连接纲索传至带网船，带网船继续收绞纲索和网具，收到囊网时，利用吊杆将囊网吊至甲板，倒取渔获物。

5. 单船桁杆拖网

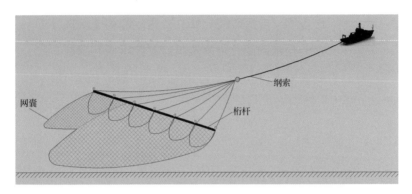

单船桁杆拖网作业示意图

渔具分类： 拖网

俗　　名： 虾拖网、桁杆拖网等

地区分布： 宁德、莆田等

判别特征：

　　（1）网衣由网盖、网身及网囊3个部分组成；

　　（2）网具的上纲固定在桁杆上，上纲与下纲之间由条数不等的吊纲连接，维持网口的垂直扩张。

渔法特点：

　　渔船到达渔场后，根据水深、流向、风向决

定曳纲松放长度及放网方向，使作业舷受风。将网具放入海中，并用吊杆将桁杆吊入海中，松放曳纲，直至放网完毕。起网时，渔船转向，使作业舷受风，收绞曳纲至桁杆时，利用舷侧吊杆将桁杆吊起，并依次将网囊吊入甲板，倒取渔获物。

6. 单桩框架张网

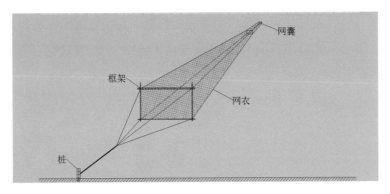

单桩框架张网作业示意图

渔具分类： 张网

俗　　名： 冬猛、轻网、虾荡网等

地区分布： 莆田、宁德等

判别特征：

（1）单桩固定；

（2）用毛竹等材料制作框架作为网口扩张装置。

渔法特点：

渔船到达渔场后，先顶流抛锚，把桩斗投入海中平放于水面，从框架四角或两侧系结上叉纲，叉纲与根绳之间用转轴连接。根绳直接系结于桩上，并打入海底，起网时，捞取引扬纲，将网囊绞起，取出渔获物。用单桩固定网具，可以灵活改变捕捞地点；可在水深较深的渔场作业，其作业范围大，遇风浪较大时，随时可收取网具，避免受风浪袭击而遭受损失。

7. 双桩有翼单囊张网

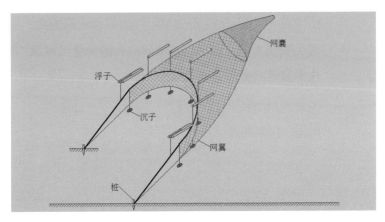

网囊

浮子

沉子

网翼

桩

双桩有翼单囊张网作业示意图

渔具分类: 张网

俗　　名: 七星网等

地区分布: 宁德、福州、漳州等

判别特征:

　　(1) 双桩固定;

　　(2) 有网翼;

　　(3) 使用上纲、下纲、浮子和沉子扩张网口。

渔法特点:

渔船到达桩场时，打桩船根据方位、流向选好桩位，开始打桩。挂网前先钩起浮标，然后连接根绳与两翼叉纲，接附浮筒、沉石，扎好囊尾，最后把网具投入海中。渔船在平潮前到达渔场，待平潮浮筒露出水面时开始起网，先钩起中央浮筒绳，按顺序沿网口向网囊方向拉网，至囊尾时，用绞机起吊网囊。

8. 单锚框架张网

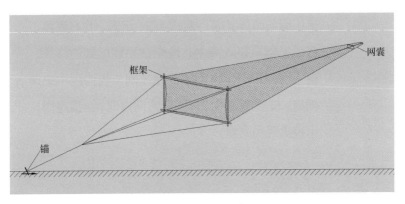

单锚框架张网作业示意图

渔具分类： 张网

俗　　名： 锚张网、鳗苗网等

地区分布： 宁德、福州等

判别特征：

（1）单锚固定；

（2）用框架作为网口扩张装置。

渔法特点：

适用于回转流渔场作业，网具呈圆锥形，网口装上竹竿或木制成的框架。从框架四角或两侧结上叉纲，叉纲与根绳之间用转轴连接。根绳直接系结于锚上，并抛入海底。用单锚固定网具，可以灵活改变捕捞地点；可在水深较深的渔场作业，其作业范围大；遇风浪较大时，随时可收取网具，避免受风浪袭击而遭受损失。

9. 单锚桁杆张网

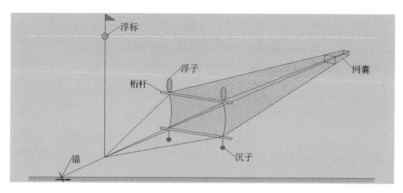

单锚桁杆张网作业示意图

渔具分类: 张网

俗　　名: 毛虾网等

地区分布: 宁德等

判别特征:

（1）单锚固定；

（2）用桁杆作为网口扩张装置。

渔法特点:

作业时，利用单个锚将网具固定于海底，以

桁杆、浮子、沉子作为网具的水平和垂直扩张装置，依靠水流的作用，迫使捕捞对象进入网中，从而达到捕捞目的。

10. 双锚有翼单囊张网

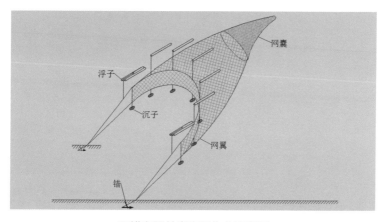

网囊

浮子

沉子

网翼

锚

双锚有翼单囊张网作业示意图

渔具分类：张网

俗　　名：腿罾、板罾、大猛、虾罾、筒猛、竹桁、鲎脚网等

地区分布：宁德等

判别特征：

（1）用双锚固定；

（2）有网翼；

（3）使用纲索、浮子和沉子扩张网口。

渔法特点：

适用于往复流渔场作业,作业时,先投下双锚,待流转急时，将网具挂接于锚纲上，投下网具。起网时，收绞带网纲，进而收绞网囊引扬纲，利用吊杆将网囊吊入甲板，倒取渔获物。

11. 双锚张纲张网

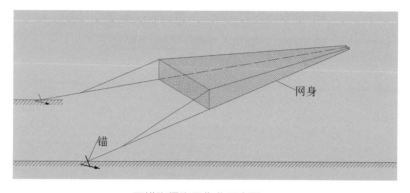

网身

锚

双锚张纲张网作业示意图

渔具分类： 张网

俗　　名： 猛艚等

地区分布： 宁德等

判别特征：

（1）用双锚固定；

（2）无网翼；

（3）使用纲索、浮子和沉子扩张网口。

渔法特点：

作业时，先投下双锚，待流转急时，将网具

挂接于锚纲上，投下网具。起网时，收绞带网纲，进而收绞网囊引扬纲，利用吊杆将网囊吊入甲板，倒取渔获物。

12. 拖曳齿耙耙刺

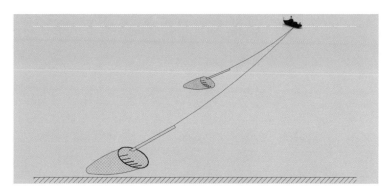

拖曳齿耙耙刺作业示意图

渔具分类：耙刺

俗　　名：蛤耙、贝耙等

地区分布：漳州等

判别特征：

（1）由齿耙、框架外包网片、木柄、曳绳组成；

（2）采用钢筋做成矩形或椭圆形框架，框架外装配网片形成网兜状，钢架下端装耙齿，连接木柄和曳绳。

渔法特点：

小功率船一般由 2~3 人，携带 5~8 把进行作业；也有不用渔船在滩涂或水库的浅水区域，一人一把，独自作业。

13. 岸敷撑架敷网

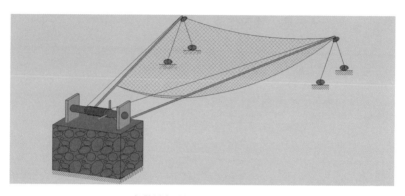

岸敷撑架敷网作业示意图

渔具分类： 敷网

俗　　名： 吊罾、扳罾、灯光诱捕罾等

地区分布： 泉州、龙岩等

判别特征：

（1）由支架外包网衣或支持索组成，做成网箱状，顶面不装置网衣；

（2）箱内装有若干个灯泡，用葫芦收绞吊纲。

渔法特点：

网具敷设在水流较缓的岸边，等待渔获物入

网起网捕捞。其结构简单，操作简便，常用于捕捞小型中上层鱼类。该渔具多数应用于内陆水库，常年可生产。作业时，用双杆将长方形网衣撑开设置于水域中，等待渔获物入网后迅速将网衣吊离水面而捕获。

14. 漂流多层帘式敷具

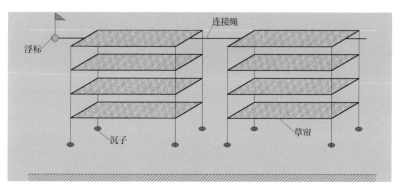

漂流多层帘式敷具作业示意图

渔具分类： 敷网

俗　　名： 飞鱼帘等

地区分布： 泉州等

判别特征：

　　使用草帘或其他纤维捆扎物采集飞鱼科鱼卵。

渔法特点：

　　飞鱼在繁殖季节具有很强的趋光性，夜间喜欢躲在植物纤维阴影内产卵，所产鱼卵带有浓黏液体，易附着在纤维面及缝隙里，根据这一特点，使用草包可有效地采捕到飞鱼科鱼卵，达到捕捞目的。

第三章

常见禁用渔具

1. 双船单片多囊拖网

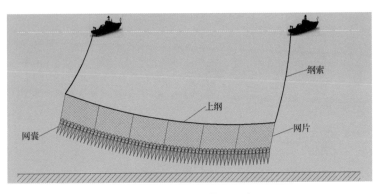

双船单片多囊拖网作业示意图

渔具分类： 拖网

俗　　名： 百袋网等

地区分布： 莆田、漳州等

判别特征：

（1）单片网衣；

（2）网衣下部安装多个网囊；

（3）双船拖曳。

渔法特点：

作业时，两船靠拢，将各自所带的渔具连接好，然后两船背向放网，完毕后，顺流拖曳。起网时，两船同时停船起网，将囊网拉上甲板，逐个收取网袋中的渔获物。

2. 拦截插网陷阱

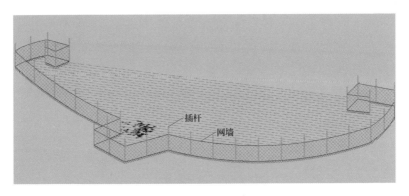

拦截插网陷阱作业示意图

渔具分类： 陷阱

俗　　名： 吊墕、迷魂网等

地区分布： 福州、漳州等

判别特征：

（1）长带形网衣；

（2）多个插杆固定。

渔法特点：

作业时，带几十片或上百片相同规格的矩形

网片用木桩插在场地宽阔、底形平坦的水域。沿海地区利用潮间带的滩涂，待退潮时将插杆打入泥土中，绑结好网片，将网片的缘网埋入泥沙中，涨潮时渔船驶进网列拉起网衣吊绳，形成长带形网墙拦截捕捞对象，第二次退潮时收取渔获物。

3. 拖曳泵吸耙刺

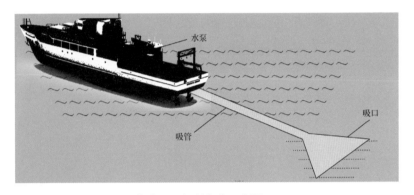

水泵

吸口

吸管

拖曳泵吸耙刺作业示意图

渔具分类： 耙刺

俗　　名： 吸蛤泵、吸蛤耙、蓝蛤泵等

地区分布： 福州、泉州、漳州等

判别特征：

渔具由水泵、吸管和吸口构成。

渔法特点：

作业时，渔船将吸口放入海底，边吸边缓慢前行，将吸入物注入船上设置的一大型网兜内过滤、清洗、筛选，得到渔获物。

附　录

1. 重要经济鱼类最小可捕规格

重要经济鱼类最小可捕规格表

单位: mm

种类	渤海、黄海、东海	南海
带鱼 (*Trichiurus japonicus*)	肛长≥210	肛长≥230
小黄鱼 (*Larimichthys polyactis*)	体长≥150	
银鲳 (*Pampus argenteus*)	叉长≥150	叉长≥150
鲐 (*Scomber japonicus*)	叉长≥220	叉长≥220
刺鲳 (*Psenopsis anomala*)	叉长≥130	叉长≥130
蓝点马鲛 (*Scomberomorus niphonius*)	叉长≥380	
蓝圆鲹 (*Decapterus maruadsi*)	叉长≥150	叉长≥150
灰鲳 (*Pampus cinereus*)	叉长≥180	叉长≥180
白姑鱼 (*Argyrosomus argentatus*)	体长≥150	体长≥150

续表

种类	渤海、黄海、东海	南海
二长棘鲷(*Parargyrops edita*)	体长≥100	体长≥100
绿鳍马面鲀(*Thamnaconus septentrionalis*)	体长≥160	体长≥160
黄鳍马面鲀(*Thamnaconus hypargyreus*)	体长≥100	体长≥100
短尾大眼鲷(*Priacanthus macracanthus*)	体长≥160	体长≥160
黄鲷(*Dentex tumifrons*)	体长≥130	体长≥130
竹荚鱼(*Trachurus japonicus*)	叉长≥150	叉长≥150

注：肛长指鱼体肛长；体长指鱼体体长；叉长指鱼体叉长。

资料来源：国家水产行业标准 SC/T 9426.1—2016《重要渔业资源品种可捕规格 第1部分：海洋经济鱼类》。

2. 海洋捕捞准用渔具最小网目（或网囊）尺寸相关标准

海洋捕捞准用渔具最小网目（或网囊）尺寸相关标准表

海域	渔具分类名称		主捕种类	最小网目（或网囊）尺寸/mm	备注
	渔具类别	渔具名称			
黄海、渤海	刺网类	定置单片刺网、漂流单片刺网	梭子蟹、银鲳、海蜇	110	
			鳓鱼、马鲛、鳕鱼	90	
			对虾、鱿鱼、虾蛄、小黄鱼、梭鱼、斑鰶	50	
			颚针鱼	45	该类刺网由地方特许作业
			青鳞鱼	35	
			梅童鱼	30	
		漂流无下纲刺网	鳓鱼、马鲛、鳕鱼	90	

海域	渔具分类名称		主捕种类	最小网目（或网囊）尺寸／mm	备注
	渔具类别	渔具名称			
黄海、渤海	围网类	单船无囊围网、双船无囊围网	不限	35	主捕青鳞鱼、前鳞骨鲻、斑鰶、金色小沙丁鱼、小公鱼的围网由地方特许作业
	杂渔具	船敷箕状敷网	不限	35	
东海	刺网类	定置单片刺网、漂流单片刺网	梭子蟹、银鲳、海蜇	110	
			鰤鱼、马鲛、石斑鱼、鲨鱼、黄姑鱼	90	
			小黄鱼、鲻鱼、鳎类、鱿鱼、黄鲫、梅童鱼、龙头鱼	50	

续表

海域	渔具分类名称		主捕种类	最小网目（或网囊）尺寸/mm	备注
	渔具类别	渔具名称			
东海	围网类	单船无囊围网、双船无囊围网、双船有囊围网	不限	35	主捕青鳞鱼、前鳞骨鲻、斑鰶、金色小沙丁鱼、小公鱼的围网由地方特许作业
	杂渔具	船敷箕状敷网、撑开掩网掩罩	不限	35	
南海（含北部湾）	刺网类	定置单片刺网、漂流单片刺网	除凤尾鱼、多鳞鱚、少鳞鱚、银鱼、小公鱼以外的捕捞种类	50	
			凤尾鱼	30	该类刺网由地方特许作业
			多鳞鱚、少鳞鱚	25	
			银鱼、小公鱼	10	

续表

海域	渔具分类名称		主捕种类	最小网目（或网囊）尺寸 / mm	备注
	渔具类别	渔具名称			
南海（含北部湾）	刺网类	漂流无下纲刺网	除凤尾鱼、多鳞鱚、少鳞鱚、银鱼、小公鱼以外的捕捞种类	50	
	围网类	单船无囊围网、双船无囊围网、双船有囊围网	不限	35	主捕青鳞鱼、前鳞骨鲻、斑鰶、金色小沙丁鱼、小公鱼的围网由地方特许作业
	杂渔具	船敷箕状敷网、撑开掩网掩罩	不限	35	

资料来源：《农业部关于实施海洋捕捞准用渔具最小网目尺寸制度的通告》（农业部通告〔2013〕1号）。

3. 海洋捕捞过渡渔具最小网目（或网囊）尺寸相关标准

海洋捕捞过渡渔具最小网目（或网囊）尺寸相关标准表

海域	渔具分类名称		主捕种类	最小网目（或网囊）尺寸 / mm	备注
	渔具类别	渔具名称			
黄海、渤海	拖网类	单船桁杆拖网、单船框架拖网	虾类	25	
	刺网类	漂流双重刺网、定置三重刺网、漂流三重刺网	梭子蟹、银鲳、海蜇	110	
			鰤鱼、马鲛、鳕鱼	90	
			对虾、鱿鱼、虾蛄、小黄鱼、梭鱼、斑鰶	50	
	张网类	双桩有翼单囊张网、双桩竖杆张网、樯张竖杆张网、多锚单片张网、单桩框架张网、多桩竖杆张网、双锚竖杆张网、	不限	35	主捕毛虾、鳗苗的张网由地方特许作业

续表

海域	渔具分类名称		主捕种类	最小网目（或网囊）尺寸 / mm	备注
	渔具类别	渔具名称			
黄海、渤海	陷阱类	导陷建网陷阱	不限	35	
	笼壶类	定置串联倒须笼	不限	25	
黄海	拖网类	单船有翼单囊拖网、双船有翼单囊拖网	除虾类以外的捕捞种类	54	主捕鳀鱼的拖网由地方特许作业
东海	拖网类	单船有翼单囊拖网、双船有翼单囊拖网	除虾类以外的捕捞种类	54	主捕鳀鱼的拖网由地方特许作业
		单船桁杆拖网	虾类	25	
	刺网类	漂流双重刺网、定置三重刺网、漂流三重刺网	梭子蟹、银鲳、海蜇	110	
			鲕鱼、马鲛、石斑鱼、鲨鱼、黄姑鱼	90	
			小黄鱼、鲻鱼、鳎类、鱿鱼、黄鲫、梅童鱼、龙头鱼	50	

续表

海域	渔具分类名称		主捕种类	最小网目（或网囊）尺寸/mm	备注
	渔具类别	渔具名称			
东海	围网类	单船有囊围网	不限	35	
	张网类	单锚张纲张网	不限	55	
		双锚有翼单囊张网	不限	50	
		双桩有翼单囊张网、双桩竖杆张网、樯张竖杆张网、多锚单片张网、单桩框架张网、双锚张纲张网、单桩桁杆张网、单锚框架张网、单锚桁杆张网、双桩张纲张网、船张框架张网、船张竖杆张网、多锚框架张网、多锚桁杆张网、多锚有翼单囊张网	不限	35	主捕毛虾、鳗苗的张网由地方特许作业

海域	渔具分类名称		主捕种类	最小网目（或网囊）尺寸 / mm	备注
	渔具类别	渔具名称			
东海	陷阱类	导陷建网陷阱	不限	35	
	笼壶类	定置串联倒须笼	不限	25	
南海（含北部湾）	拖网类	单船有翼单囊拖网、双船有翼单囊拖网、单船底层单片拖网、双船底层单片拖网	除虾类以外的捕捞种类	40	
		单船桁杆拖网、单船框架拖网	虾类	25	
	刺网类	漂流双重刺网、定置三重刺网、漂流三重刺网、定置双重刺网、漂流框格刺网	除凤尾鱼、多鳞鱚、少鳞鱚、银鱼、小公鱼以外的捕捞种类	50	
	围网类	单船有囊围网、手操无囊围网	不限	35	

续表

海域	渔具分类名称		主捕种类	最小网目（或网囊）尺寸/mm	备注
	渔具类别	渔具名称			
南海（含北部湾）	张网类	双桩有翼单囊张网、双桩竖杆张网、樯张竖杆张网、双锚张纲张网、单桩桁杆张网、多桩竖杆张网、双锚竖杆张网、双锚单片张网、樯张张纲张网、樯张有翼单囊张网、双锚有翼单囊张网	不限	35	主捕毛虾、鳗苗的张网由地方特许作业
	陷阱类	导陷建网陷阱	不限	35	
	笼壶类	定置串联倒须笼	不限	25	

资料来源：《农业部关于实施海洋捕捞准用渔具和过渡渔具最小网目尺寸制度的通告》（农业部通告〔2018〕3号）。

4. 福建省海洋渔业捕捞作业核准规范

福建省海洋渔业捕捞作业核准规范表

序号	作业类型	作业方式	小型渔船作业场所（大中型渔船作业场所核定为福建省C2渔区）	作业时限	渔具				最小网目（或网囊）尺寸/mm	主要捕捞种类
					名称	准用/过渡	数量			
1	刺网	定置	县(市、区)A类渔区	全年（除禁渔期外）	定置单片刺网	准用	暂不限定		110	捕捞梭子蟹、银鲳、海蜇
					定置三重刺网	过渡			90	鲻鱼、马鲛、石斑鱼、黄姑鱼、鲨鱼
		漂流	设区市A类渔区		漂流单片刺网	准用			50	小黄鱼、鲳鱼、鲾类、鱿鱼、黄鲫、梅童鱼、龙头鱼
					漂流双重刺网	过渡				
					漂流三重刺网					

续表

序号	作业类型	作业方式	小型渔船作业场所（大中型渔船作业场所核定为福建省C2渔区）	作业时限	渔具					
					名称	准用/过渡	数量	最小网目（或囊）尺寸/mm	主要捕捞种类	
2	围网	单船	福建省A类渔区	全年（除禁渔期外）	单船无囊围网	准用	暂不限定	35	不限（主捕青鳞鱼、前鳞骨鲻、斑鰶、金色小沙丁鱼、小公鱼的围网按照特许作业管理）
		双船			双船无囊围网				
			—		双船有囊围网				
3	拖网	单船		全年（除禁渔期外）	单船有翼单囊拖网	过渡	暂不限定	54	除虾类以外的捕捞种类（主捕鳀鱼的拖网按照作业特许作业管理）
		双船			双船有翼单囊拖网				
		桁杆虾拖			单船桁杆拖网			25	虾类

续表

序号	作业类型	作业方式	小型渔船作业所 中型渔船作业所核定为福建省C2渔区	作业时限	渔具				主要捕捞种类
					名称	准用/过渡	数量	最小网目(或网囊)尺寸/mm	
4	张网	单锚	县(市、区)A类渔区	全年(除禁渔期外)	单锚框架张网	过渡	≤10张	35	不限(主捕毛虾、鳗苗的张网按照特许作业管理)
					单锚桁杆张网				
		双锚			双锚有翼单囊张网			50	不限
					双锚张纲张网				
		多锚			多锚框架张网			35	不限(主捕毛虾、鳗苗的张网按照特许作业管理)
					多锚桁杆张网				

续表

序号	作业类型	作业方式	小型渔船作业场所（大中型渔船作业场所为福建省核定C2渔区）	作业时限	渔具				主要捕捞种类
					名称	准用/过渡	数量	最小网目（或网囊）尺寸/mm	
4	张网	多锚	县(市、区)A类渔区	全年（除禁渔期外）	多锚有翼单囊张网	过渡	≤10张	35	不限（主捕毛虾、鳗苗的张网按照特许作业管理）
					多锚单片张网				
		单桩			单桩框架张网				
					单桩桁杆张网				
		双桩			双桩张纲张网				
					双桩有翼单囊张网				
					双桩竖杆张网				

续表

序号	作业类型	作业方式	小型渔船作业场所（大中型渔船作业场所核定为福建省C2渔区）	作业时限	渔具				主要捕捞种类
					名称	准用/过渡	数量	最小网目（或网囊）尺寸/mm	
4	张网	船张	县(市、区)A类渔区	全年（除禁渔期外）	船张框架张网 船张竖杆张网	过渡	1张	35	不限（主捕毛虾、鳗苗的张网按照张网特许作业管理）
		樯张			樯张竖杆张网		≤6张		
5	钓具	定置延绳	设区市A类渔区	全年（除禁渔期外）	延绳钓	准用	暂不限定	无	鳗、鲨、鲷鱼科等
		垂钓			垂钓				石斑鱼、鲷科、头足类等

续表

序号	作业类型	作业方式	小型渔船作业场所（大中型渔船作业场所核定为福建省C2渔区）	作业时限	渔具			最小网目（或网囊）尺寸/mm	主要捕捞种类
					名称	准用/过渡	数量		
6	笼壶	定置延绳	设区市A类渔区	全年（除禁渔期外）	延绳倒须笼壶	过渡	船长＜12 m的渔船携带笼数≤150个，12 m≤船长＜24 m的渔船携带笼数≤600个，24 m≤船长＜36 m的渔船携带笼数≤1000个，船长≥36 m的渔船携带笼数≤2000个	25	不限

续表

序号	作业类型	作业方式	小型渔船作业场所（大、中型渔船作业场所为福建省核定C2渔区）	作业时限	渔具				主要捕捞种类
					名称	准用/过渡	数量	最小网目（或网囊）尺寸/mm	
7	敷网	船敷	县（市、区）A类渔区	全年（除禁渔期外）	船敷箕状敷网	准用	暂不限定	35	不限
8	掩罩	撑开	县（市、区）A类渔区	全年（除禁渔期外）	撑开掩网掩罩	准用	1张	35	不限

资料来源：《福建省海洋与渔业局关于印发〈福建省渔业捕捞作业核准规则〉的通知》（闽海渔规〔2022〕5号）。

5. 渔网网目尺寸测量方法

　　《渔网网目尺寸测量方法》（GB/T 6964—2010）规定，渔网网目尺寸采用扁平楔形网目内径测量仪进行测量。测量网目长度时，应将网目沿有结网的纵向或无结网的长轴方向充分拉直，每次逐目测量相邻5目的网目内径，取其最小值为该网片的网目内径。在测量三重刺网时，要测量最里层网的最小网目尺寸；对于双重刺网，要测量两层网中网眼更小的网的最小网目尺寸。各省（自治区、直辖市）渔业行政主管部门可结合本地实际，在上述规定基础上制定出简便易行的测量办法。

　　扁平楔形网目内径测量仪：由铝合金制成，其表面有涂层。一般需配备10～70 mm、60～120 mm、110～170 mm、150～250 mm 几种尺寸的网目内径测量仪。

扁平楔形网目内径测量仪

网目内径：当网目充分拉直而不伸长时，其两个对角结（或连接点）内缘之间的距离。

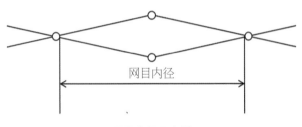

网目内径示意图

参考文献

[1] 沈长春，戴天元，蔡建堤，等.福建省捕捞渔具渔法与管理研究 [M].厦门：厦门大学出版社，2018.

[2] 黄锡昌.海洋捕捞手册 [M].北京：农业出版社，1990.

[3] 林学钦，黄伶俐，冯森.福建省海洋渔具图册 [M].福州：福建科学出版社，1986.

[4] 戴天元，等.福建海区渔业资源生态容量和海洋捕捞业管理研究 [M].北京：科学出版社，2004.

[5] 戴天元，苏永全，阮五崎，等.台湾海峡及邻近海域渔业资源养护与管理 [M].厦门：厦门大学出版社，2011.

[6] 全国水产标准化技术委员会.渔网网目尺寸测量方法：GB/T 6964—2010 [S].北京：中国标准出版社，2010.

[7] 农业部东海区渔政局，中国水产科学研究院东海水产研究所.东海区海洋捕捞渔具渔法与管理 [M].杭州：浙江科学技术出版社，2012.